Fachliche Beratung:
Dr. Gerhard Krämer, Diplomphysiker
Astronomisches Institut der Universität Tübingen

Übersetzung und Redaktion der deutschen Ausgabe: Jürgen Witznick

Die Deutsche Bibliothek – CIP-Einheitsaufnahme

Die Nacht, der Mond und die Sterne
Text von Jean-Pierre Verdet. Ill. von Christian Broutin.
[Übers. und Red. der dt. Ausg.: Jürgen Witznick]. –
Ravensburg: Ravensburger Buchverl. Maier, 1995
(Die Welt entdecken)
Einheitssacht.: Le ciel, les étoiles et la nuit <dt.>
ISBN 3-473-35786-3
NE: Verdet, Jean-Pierre; Broutin, Christian; Witznick, Jürgen [Red.]; EST

95 96 97 98 99 5 4 3 2 1

ISBN 3-473-35786-3

Die Nacht, der Mond und die Sterne

Text von Jean-Pierre Verdet
Illustrationen von Christian Broutin, Henri Galeron und Pierre-Marie Valat

DIE WELT ENTDECKEN

Der Tag geht zur Neige – langsam legt sich die Abenddämmerung über das Land.

Gerade erst ist die Sonne untergegangen, und der Himmel im Westen erstrahlt noch in sanftem Abendrot.
Da funkelt es schon vom Firmament herab: Der „Abendstern" erscheint.
Dieses schimmernde Gebilde ist aber gar kein Stern – es ist die Venus, ein Planet wie die Erde.
Allmählich bricht die Nacht an.
Der Mond steigt vom Horizont herauf und taucht Wald und Flur in sein fahles Licht.
Am Himmel funkeln nun unzählige Sterne.
Wer genügend Geduld aufbringt und aufmerksam den Nachthimmel betrachtet, dem offenbaren sich bald einige der Geheimnisse der Gestirne.

Das Sternbild Stier

Das Sternbild Löwe

Manche Sterne scheinen am Himmel Figuren zu bilden.

Sie sind so angeordnet, daß sie die menschliche Phantasie von alters her angeregt haben. Einige dieser vermeintlichen Gebilde – man nennt sie Sternbilder – sollen Gestalten der griechischen Sagenwelt zeigen, wie zum Beispiel Perseus, Andromeda oder Kassiopeia. Die berühmtesten Sternbilder sind jene des Tierkreises – ihn scheint die Erde im Verlaufe eines Jahres am Himmel zu durchwandern.
Sterndeuter behaupten, daß Sterne und Sternbilder unser aller Leben bestimmen – aber das ist wohl nur Aberglauben.

Während der zwölf Monate des Jahres wandert die Erde an den zwölf Sternbildern des Tierkreises vorbei. Hier sind die Sternbilder mit ihren Zeichen aufgeführt, links sind sie abgebildet:

♊	**Zwillinge**	♒	**Wassermann**	♎	**Waage**
♉	**Stier**	♑	**Steinbock**	♍	**Jungfrau**
♈	**Widder**	♐	**Schütze**	♌	**Löwe**
♓	**Fische**	♏	**Skorpion**	♋	**Krebs**

Wo hat der Große Bär sein Zuhause?

Das Sternbild Großer Bär – man nennt es auch Großer Wagen – besteht aus sieben Sternen. Drei davon scheinen eine gekrümmte Linie zu bilden: wie die Deichsel eines Wagens. Verlängert man die Rückwand des „Wagens“ um das Fünffache, so gelangt man zum Polarstern – dem ersten Stern in der Deichsel des kleinen Wagens, den man auch Kleiner Bär nennt. Der Polarstern steht genau im Norden; er ist der einzige Stern, der seine Position am Himmel nicht verändert – um ihn herum scheinen alle anderen Sterne zu kreisen.

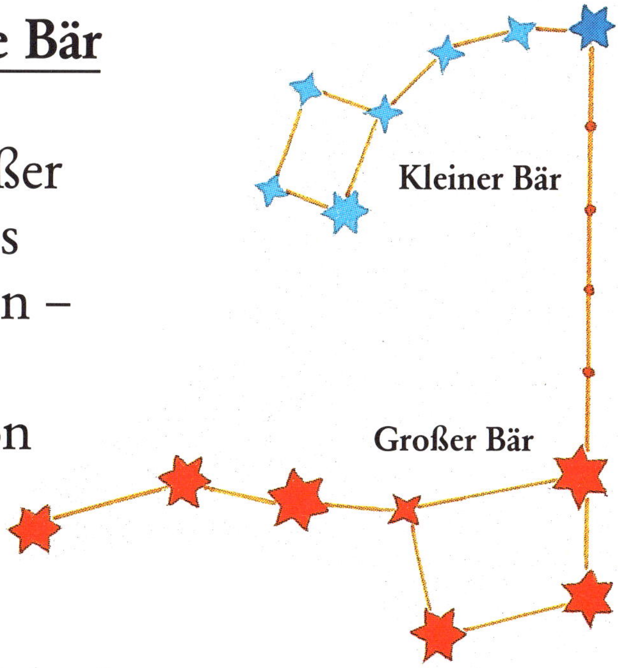

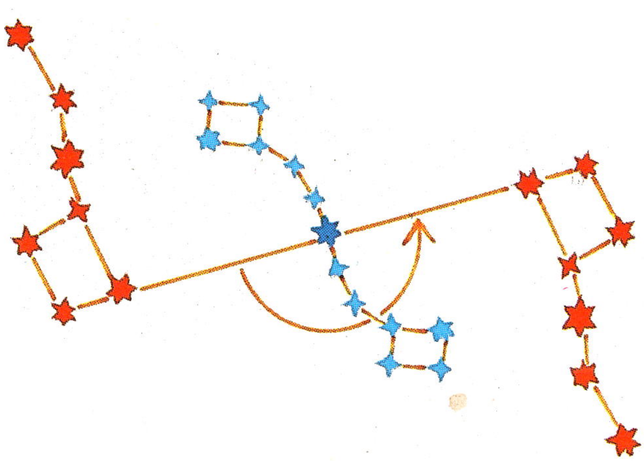

Kleiner Bär und Großer Bär drehen sich Nacht für Nacht entgegen dem Uhrzeigersinn um den Polarstern. Auch tagsüber, wenn man die Sterne nicht sehen kann, geht diese Kreisbewegung weiter.

Die Erde dreht sich um sich selbst und umkreist die Sonne.

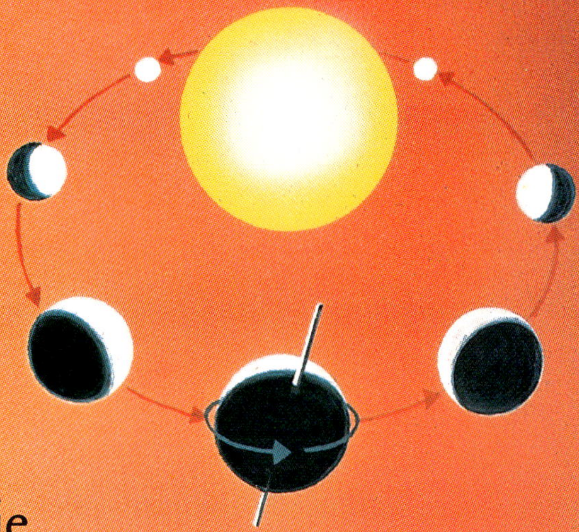

Warum gibt es Tag und Nacht?

Die Erde dreht sich wie ein Kreisel einmal in 24 Stunden um sich selbst. Das ist der Grund, warum es für uns so aussieht, als ob die Sonne jeden Tag auf- und wieder untergeht.
Die Achse, um die die Erde rotiert, weist auf den Polarstern – daher steht er unbewegt am Firmament, und die anderen Sterne scheinen sich um ihn zu drehen.
Die Erde bewegt sich aber auch auf andere Weise: In einem Jahr umrundet sie die Sonne. Und weil die Erdachse ein wenig schräg zur Sonne steht, wird im Verlauf eines Jahres einmal mehr die nördliche und einmal mehr die südliche Erdhalbkugel von der Sonne angestrahlt – so kommen die Jahreszeiten zustande.
Auch wenn wir es nicht bemerken:
Die Erde rast mit ungeheurer Geschwindigkeit durchs All.

Ein alter Traum der Menschheit: die Reise zum Mond.

Der Mond hat die Menschen schon immer in seinen Bann gezogen. Die einen glauben, auf seiner Oberfläche ein Gesicht erkennen zu können, die anderen gar den „Mann im Mond".

Und in allen Ländern haben Schriftsteller in vielen Geschichten einen alten Traum der Menschheit beschrieben: die Reise zum Mond. Was über Jahrtausende für unmöglich gehalten wurde, ist im Jahr 1969 Wirklichkeit geworden:

Der Amerikaner Neil Armstrong betrat als erster Mensch die Mondoberfläche.

Auf dem Mond gibt es kein Leben.

Seine Oberfläche ist kalt und unwirtlich; weder für Pflanzen noch für Tiere könnte er ein Lebensraum sein. Wenn man den Mond sehr genau betrachtet, kann man auf seiner Oberfläche dunkle Flecken erkennen. Dies sind die Mondmeere – man nennt sie so, obwohl es auf dem Mond überhaupt kein Wasser gibt! Die Mondmeere bestehen aus großen Ebenen, die mit grauem Staub bedeckt sind. Als helle Streifen erkennbar sind die hohen Mondgebirge. Der Mondboden ist mit Kratern und Gesteinsbrocken übersät. Der Mond selbst leuchtet nicht. Er erscheint nur hell, wenn er von der Sonne angestrahlt wird.

Der Mond ist viel kleiner als die Erde. Sein Durchmesser beträgt etwa nur ein Viertel des Durchmessers der Erde.

Die Mondphasen.

Der Mond kreist um die Erde. Wenn er selbst leuchten würde, so könnte man von der Erde aus immer seine gesamte runde Gestalt erkennen. Weil er aber von der Sonne beschienen wird und daher immer eine Seite im Dunkeln liegt, hängt es ganz von seinem jeweiligen Standort ab, welchen Teil der beleuchteten Fläche ein Betrachter von der Erde aus sehen kann. Mal sehen wir vom Mond gar nichts – wenn die dunkle Hälfte des Mondes der Erde zugewandt ist –, mal sehen wir die gesamte helle Seite, meist aber nur einen Teil von ihr.

Vom Mond aus könnten wir „Erdphasen" betrachten. Sie würden etwa so aussehen wie hier abgebildet.

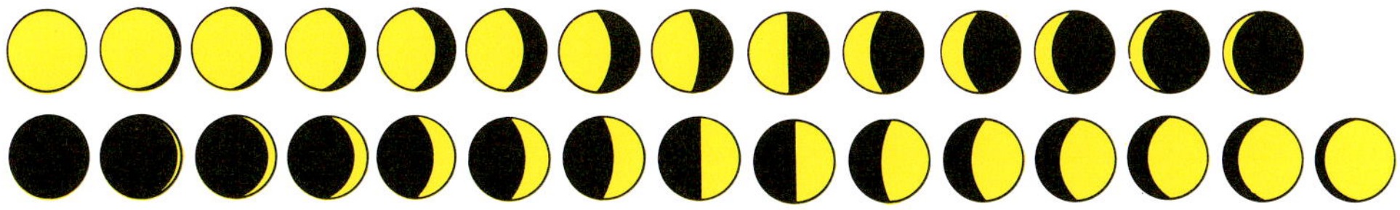

Etwa einen Monat (dieses Wort stammt von „Mond“ her) benötigt der Mond, um die Erde zu umrunden. Hier ist abgebildet, wie unterschiedlich der Mond in einem Monat täglich von der Erde aus zu sehen ist.

Die Abbildung unten zeigt, wie es zu den verschiedenen Mondphasen kommt. Stell dir vor, die Sonne steht rechts von deinem Buch – dann bescheint sie die ihr zugewandten Hälften von Erde (1) und Mond (2). Je nachdem, wo sich der Mond auf seiner Wanderung um die Erde befindet, sieht ein Betrachter von der Erde aus einen kleineren oder größeren beleuchteten Bereich – wie in (3) dargestellt.

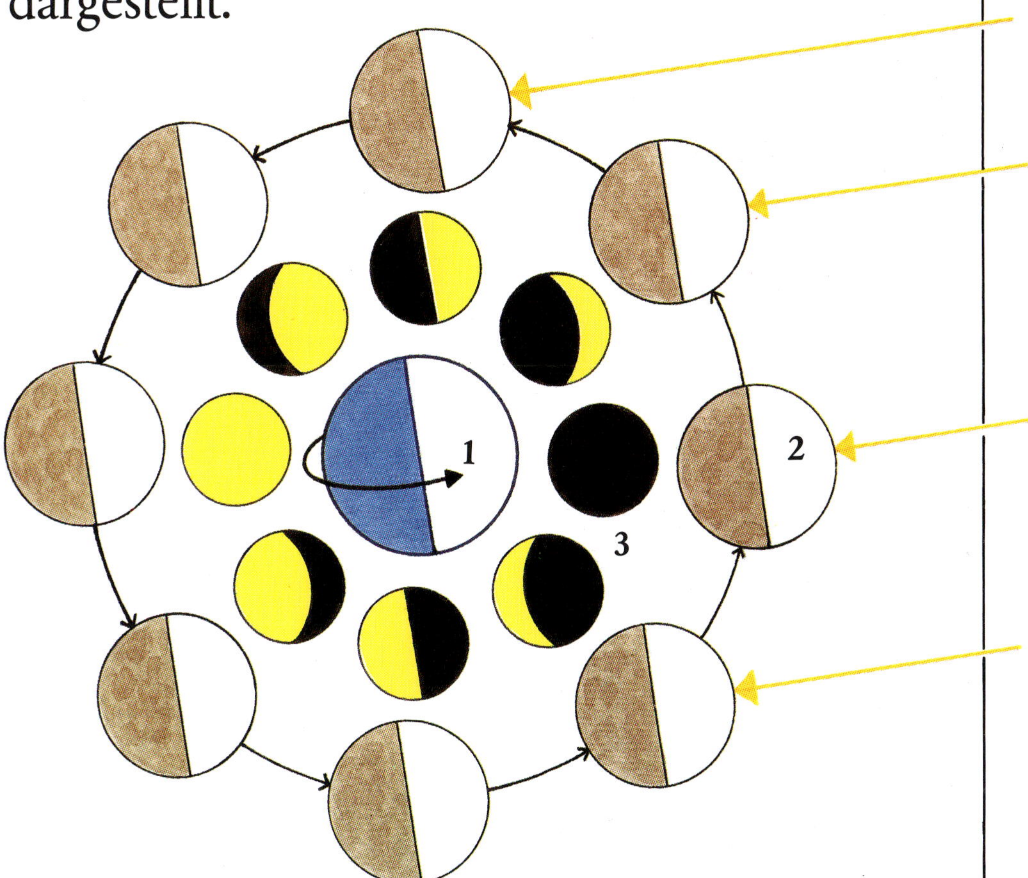

Vollmond: Von der Erde aus gesehen, befindet sich der Mond gegenüber der Sonne. Den höchsten Stand erreicht er etwa um Mitternacht.

Vier Tage später hat der Mond schon ein wenig abgenommen. Etwa um drei Uhr morgens erreicht er seinen höchsten Stand am Firmament.

Weitere Tage später kommt der Mond in sein letztes Viertel:
Er ist hier vor einer Stunde aufgegangen; es ist zwei Uhr morgens.

Nur ein Streifen ist noch zu erkennen. Es ist acht Uhr morgens; bald wird der Mond im hellen Tageslicht nicht mehr zu sehen sein.

Neumond: Die nicht angestrahlte Seite des Mondes ist nun der Erde zugewandt. Der Mond erreicht seinen höchsten Stand um die Mittagszeit.

Einige Tage später ist wieder ein Teil des Mondes sichtbar.
Es ist sieben Uhr abends, bald wird der Mond untergehen.

Der Mond tritt langsam in den Erdschatten ein. Meist zweimal pro Jahr kann eine Mondfinsternis beobachtet werden.

Wie kommt es zu einer Mondfinsternis?

Wie jeder Körper, der von der Sonne angestrahlt wird, wirft auch die Erde einen Schatten. Und von Zeit zu Zeit kommt es vor, daß der Mond auf seiner Bahn um die Erde in diesen Schatten gerät – und für einige Minuten nicht mehr zu sehen ist. Der Erdschatten befindet sich auf der von der Sonne abgewandten Seite der Erde. Nähert der Mond sich diesem Bereich, so ist er von der Erde aus als Vollmond zu sehen – wenn er nicht in den Erdschatten gerät. Einstmals glaubte man, ein Drachen verschlinge den Mond, und nicht wenige Menschen wurden in Angst und Schrecken versetzt.

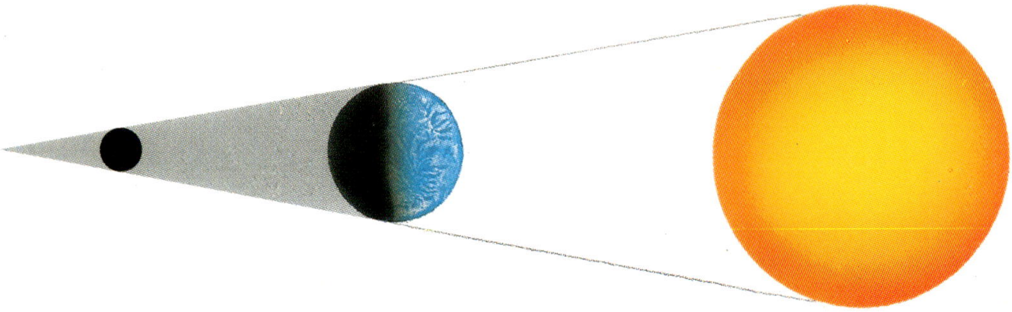

Die Erde ist nicht der einzige Himmelskörper, der um die Sonne kreist.

Acht weitere Planeten befinden sich noch auf großer Fahrt um die Sonne. Für eine Umrundung benötigen sie bis zu 248 Jahre. Vier dieser Planeten sind, wie die Erde, recht klein und haben eine harte Oberfläche: Merkur, Venus, Mars und Pluto. Die anderen sind sehr viel größer und gasförmig: Jupiter, Saturn, Uranus und Neptun.

Hier sind in der richtigen Reihenfolge von der Sonne aus und im richtigen Größenverhältnis die neun Planeten abgebildet: Merkur, Venus, Erde, Mars, Jupiter, Saturn (mit seinem Ring), Uranus, Neptun und Pluto. Der Abstand zwischen den Planeten ist nicht maßstabgerecht dargestellt – sonst müßte dieses Buch ein Kilometer breit sein!

Alle Planeten aber leuchten nicht selbst – sie sind nur sichtbar, weil sie von der Sonne angestrahlt werden. Zwischen Mars und Jupiter umkreisen Tausende kleiner Asteroiden die Sonne; sie sind vielleicht die Überreste eines Planeten, der vor sehr langer Zeit explodiert ist.

Kometen und Meteorite.

Hin und wieder wird die scheinbar so unverrückbare Ordnung am Firmament für kurze Zeit durcheinandergebracht: Kometen und Meteorite tauchen auf. Kometen sind kleine, leuchtende Kugeln aus Stein und Eis, die einen Schweif hinter sich herziehen. Sie kommen vom Rand unseres Sonnensystems her und kehren dorthin zurück. Meteorite sind sozusagen die Kieselsteine des Weltalls – in der Nähe der Erde werden sie angezogen und verglühen zumeist als „Sternschnuppen".

Meteorite dieser Größe sind sehr selten. Im Jahre 1908 hat ein Meteoritenfall in Sibirien ein Waldgebiet in einem Durchmesser von 60 km verwüstet.

Dieser Meteoritenkrater in Arizona in den USA hat einen Durchmesser von 1200 Metern. Vor etwa 100 000 Jahren ist hier ein Meteorit niedergegangen.

Sterne bilden sich gruppenweise in riesigen Wolken aus Wasserstoff. In jedem Augenblick entstehen im Weltall neue Sterne. Die Sternbildung kann man im Trifid-Nebel beobachten; dazu benötigt man allerdings ein sehr starkes Teleskop.

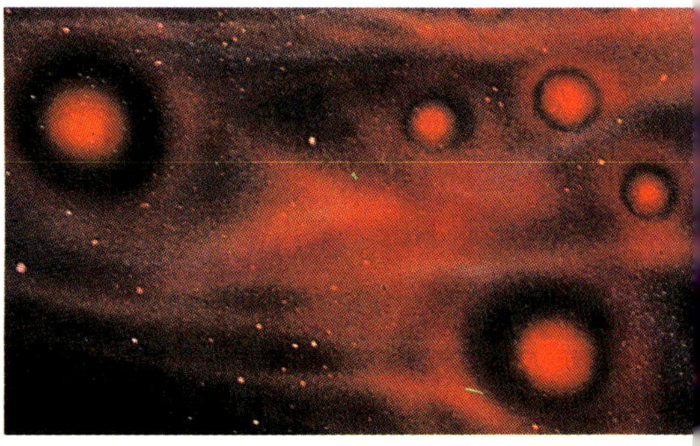

Die Entstehung von Sternen: Eine Wolke aus Gas und kleinen Materieteilchen beginnt sich zusammenzuziehen; mehrere Sterne werden „geboren".

Je mehr sich eine Wolke verdichtet, desto mehr erhitzt sie sich. Von einem bestimmten Augenblick an beginnt der neue Stern zu strahlen.

Vom Leben und Sterben der Sterne.

Sterne sind riesige Kugeln aus sehr heißem Gas, die selbst leuchten. Sie brennen aber nicht wie zum Beispiel Kohle: Sterne wandeln das Gas Wasserstoff, aus dem sie vor allem bestehen, in ein anderes Gas, Helium, um. Dieses Umwandlung setzt während Milliarden von Jahren ungeheuer viel Hitze frei. Auch unsere Sonne ist ein Stern, ein mittelgroßer im Vergleich zu den anderen. Sterne, die größer sind als die Sonne, explodieren am Ende ihres Lebens; kleinere Sterne dagegen, wie unsere Sonne, werden an ihrem Ende langsam erkalten. Die Sonne scheint seit etwa fünf Milliarden Jahren; sie befindet sich in der Mitte ihres Lebens. Nach weiteren fünf Milliarden Jahren wird sie langsam erkalten und sterben.

Wenn ein Stern seinen Wasserstoff umgewandelt hat, dehnt er sich aus und wird zu einem „roten Riesen". Dann fällt er in sich zusammen und wird zu einem „weißen Zwerg".

Der Sternenhimmel im Winter, Blickrichtung Süden

Der Sternenhimmel im Sommer, Blickrichtung Süden

Auf Entdeckungsreise am Sternenhimmel.

Den Sternenhimmel betrachtet man am besten in einer „sternenklaren“ Nacht, wenn weder Dunst noch Wolken den Blick auf das Firmament trüben. Auch sollte es eine mondlose Nacht sein, denn die Helligkeit des Mondes überstrahlt das Licht der Sterne. Ein Fernglas ist ein gutes Hilfsmittel, aber auch mit bloßem Auge kann man gut 2500 Sterne ausmachen!

Zur Winterszeit kann man mit Blickrichtung Süden folgende Sternbilder am Himmel erkennen:

1. Orion
2. Stier
3. Die Plejaden
4. Perseus
5. Widder
6. Fuhrmann
7. Andromeda
8. Pegasus
9. Fische
10. Wassermann
11. Wal
12. Eridanus

Im Sommer kann man diese Sternbilder sehen:

1. Leier
2. Herkules
3. Schlangenträger
4. Nördliche Krone
5. Bootes
6. Jungfrau
7. Waage
8. Schütze
9. Steinbock
10. Wassermann
11. Fische
12. Pegasus
13. Delphin
14. Adler
15. Schwan
16. Schlange
17. Skorpion

Mit diesem starken Teleskop kann man Sterne beobachten, die mit bloßem Auge nicht zu erkennen sind.

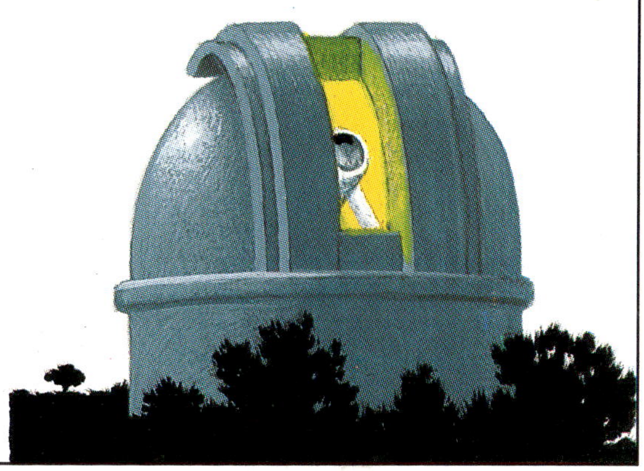

So würden wir die Milchstraße sehen, wenn wir sie von außerhalb – von der Seite – betrachten könnten.

Die Sonne hat in der Milchstraße ihre Heimat. Unsere Sonne gehört zu einer riesigen Ansammlung von Sternen, einer Galaxie. Diese Galaxie nennt man Milchstraße. Sie ist recht flach, hat die Form einer Spirale und besteht aus vielen Milliarden Sternen. Unsere Galaxie dreht sich um sich selbst: Die Sonne mit ihren Planeten umrundet einmal in 250 Millionen Jahren den Mittelpunkt der Milchstraße. Auch von dieser Bewegung bemerken wir auf der Erde aber nichts.

In der ungeheuren Weite des Universums befinden sich Millionen von Galaxien mit unzähligen Sternen; diese sind möglicherweise auch von Planeten umgeben, auf denen sich Leben befindet.

◀ So ähnlich wie diese Galaxie im Sternbild Jagdhunde würde die Milchstraße von oben betrachtet aussehen.

Ptolemäus, alexandrinischer Astronom, etwa 100 – 180 n. Chr.

Kopernikus, deutscher Gelehrter, 1473 – 1543

Kepler, deutscher Astronom, 1571 – 1630

Galilei, italienischer Astronom, 1564 – 1642

Newton, englischer Gelehrter 1643 – 1727

Einstein, deutsch-amerikanischer Gelehrter, 1879 – 1955

Seit Jahrtausenden wird der Sternenhimmel erforscht.

Viele kluge Köpfe haben im Laufe der Menschheitsgeschichte immer wieder neue Erkenntnisse über den Sternenhimmel gewonnen. Aber noch immer warten viele Fragen auf ihre Antwort, und mit jeder Erkenntnis scheinen sich neue Fragen aufzutun …

Claudius Ptolemäus lebte in Alexandrien. Er glaubte noch, daß die Erde der Mittelpunkt der Welt sei, um den sich die anderen Himmelskörper bewegen. Sein astronomisches Werk, das Almagest, hatte fast 1500 Jahre Gültigkeit.

Nikolaus Kopernikus verwarf das Weltbild des Ptolemäus. Er behauptete, daß sich die Erde in 24 Stunden einmal um sich selbst drehe und in einem Jahr die Sonne umrunde; die Erde sei nur ein Planet unter mehreren.

Johannes Kepler entdeckte, daß sich die Planeten nicht auf Kreis-, sondern auf Ellipsenbahnen um die Sonne bewegen; und er hat diese Bahnen berechnet.

Galileo Galilei war der erste, der – im Jahr 1609 – ein Fernglas zur Himmelsbetrachtung verwendete. Eine neue Welt tat sich ihm auf: Er entdeckte die Jupitermonde, die Mondgebirge und den Saturnring.

Isaac Newton war Mathematiker, Physiker, Chemiker und Astronom. Er entdeckte das Gesetz der Gravitation, die ebenso einen Apfel von einem Baum fallen läßt, wie sie den Mond auf seiner Bahn um die Erde hält.

Albert Einstein ist wohl der berühmteste Gelehrte unseres Jahrhunderts. In Deutschland geboren, mußte er als Jude vor der Verfolgung durch die Nazis in die USA fliehen. Er entdeckte die Relativität der Zeit und erschütterte dadurch die bisherige Vorstellung von der Welt. Beispielsweise hängt der Gang eines Pendels davon ab, wie schnell dieses Pendel als Ganzes sich fortbewegt: Es schwingt also auf der Erde, durch deren Drehung es fortbewegt wird, und in einer sehr schnellen Rakete nicht im gleichen Takt.

Singet leise, leise, leise,
Singt ein flüsternd Wiegenlied,
Von dem Monde lernt die Weise,
Der so still am Himmel zieht.

Singt ein Lied so süß gelinde,
Wie die Quellen auf den Kieseln,
Wie die Bienen um die Linde
Summen, murmeln, flüstern, rieseln.

Clemens Brentano